乐高机器人
培训丛书

机器人特工训练营

搭建指南（中）

 张海兵　徐茜茜　编著

U0321924

清华大学出版社
北京

内 容 简 介

本书与《机器人特工训练营——搭建指南（中）B》配套使用，以LEGO 9686为教具，以特工训练营的系列故事为主线，引导学生亲手搭建相应的机器人硬件，解决故事中遇到的实际问题。全书通过雨刮器、杠杆、工具夹子、投石车、挤压机、传送机、电风扇、钓鱼竿、起重机、清扫车、挖掘机、滑坡车、旋转木马、摩天轮和尺蠖15个教学活动案例，使学生初步建立对相关基础知识和原理的感知与认知，提升建构能力、动手能力、创造能力以及独立解决问题的能力，同时培养学生的团队合作精神。

本书可作为中小学或校外机构的教学用书，也可作为学生的自学手册。

本书封面贴有清华大学出版社防伪标签，无标签者不得销售。
版权所有，侵权必究。侵权举报电话：010-62782989　13701121933

图书在版编目（CIP）数据

机器人特工训练营 . 搭建指南 . 中 .A / 张海兵，徐茜茜编著 . — 北京：清华大学出版社，2017（2017.11重印）
（乐高机器人培训丛书）
ISBN 978-7-302-46601-7

Ⅰ . ①机… 　Ⅱ . ①张… 　②徐… 　Ⅲ . ①智能机器人 – 青少年读物 　Ⅳ . ① TP242.6-49

中国版本图书馆 CIP 数据核字（2017）第 031237 号

责任编辑：帅志清
封面设计：傅瑞学
责任校对：袁　芳
责任印制：杨　艳

出版发行：清华大学出版社
　　　　　网　　　址：http://www.tup.com.cn, http://www.wqbook.com
　　　　　地　　　址：北京清华大学学研大厦 A 座　　　　　邮　　编：100084
　　　　　社 总 机：010-62770175　　　　　邮　　购：010-62786544
　　　　　投稿与读者服务：010-62776969, c-service@tup.tsinghua.edu.cn
　　　　　质量反馈：010-62772015, zhiliang@tup.tsinghua.edu.cn
印 装 者：北京亿浓世纪彩色印刷有限公司
经　　销：全国新华书店
开　　本：203mm×260mm　　　　　印　张：5.5　　　　　字　数：104 千字
版　　次：2017 年 6 月第 1 版　　　　　印　次：2017 年 11 月第 2 次印刷
印　　数：2001～3500
定　　价：29.00 元

产品编号：070115-01

丛书编委会

主　　编：郑剑春

副主编：张　悦　张海兵

编　　委：（按拼音排序）

　　　　　白玉华　郭宝华　郝劲峰　胡海洋

　　　　　梁　漾　邱　甜　王晓薇　徐　晨

　　　　　徐茜茜　许思鹏　于　啸　袁文霖

　　　　　张国庆　赵小波

编写说明

在全面推行素质教育的大背景下，随着现代社会人工智能应用范围的日趋广泛，能够全面锻炼学生综合素质的机器人课程开始走进中小学，它凭借较强的趣味性、实践性、探索性和创新性，吸引了众多学生的参与，并极大地调动了学生的积极性，这也使其在越来越多的学校和校外机构中如火如荼地开展起来。然而，不论是学校教育、校外教育，还是家庭教育，都缺乏相应的规范教材，机器人教材的开发与规范迫在眉睫。

"乐高机器人培训丛书"专门针对小学低年级学生设计和开发，旨在为学生提供与他人合作的机会，使学生体会良好的合作需要有效的分工，培养和提升学生的团队合作意识。本套丛书采用乐高9686科学与技术教育套装为教具或学具，课程包括结构与力、简单机械、动力机械、能源转化等科技内容的45个活动案例，秉承"学中玩"的教学理念；采用STEAM跨学科创新教学法，综合运用科学、技术、工程、艺术、数学等多学科知识，使学生不断获得新的体验和技能；遵循4C教育理念，通过"联系—建构—反思—延续"的过程提高学生的学习兴趣，轻松实现创新型教学。

教师在组织教学时，可以安排学生两两合作，两人共用一套器材。课程活动内容分为A、B两部分，其中一部分课程内容是独立的，即两名同学共用一套器材，用不同的零部件搭建同一主题内容的不同模型；大部分课程内容是需要组合的，即同一模型的不同部分最终需要组合在一起才能成为一个完整的模型。书中提供的搭建步骤供教师及学生参考，模型为基础主题模型，建议学生在完成基础模型后对模型进行一定程度的探究，并进行有效的创新。

本套丛书包括"课程指南""搭建指南"和"学生活动手册"，共12本。

（1）"课程指南"：分为上、中、下3册。

（2）"搭建指南"：分为上、中、下3册，每册分为A、B两个版本。

（3）"学生活动手册"：分为上、中、下3册。

本套丛书可作为中小学或校外机构的教学用书，也可作为学生的自学手册。

编　者

2017年1月

目 录

第1课
雨 刮 器

雨刮器搭建步骤。

1

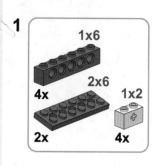

1x6 4x
2x6 2x
1x2 4x

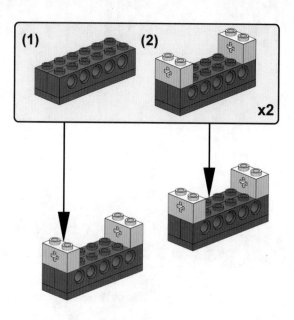

(1) (2) x2

2

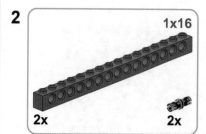

1x16 2x
2x

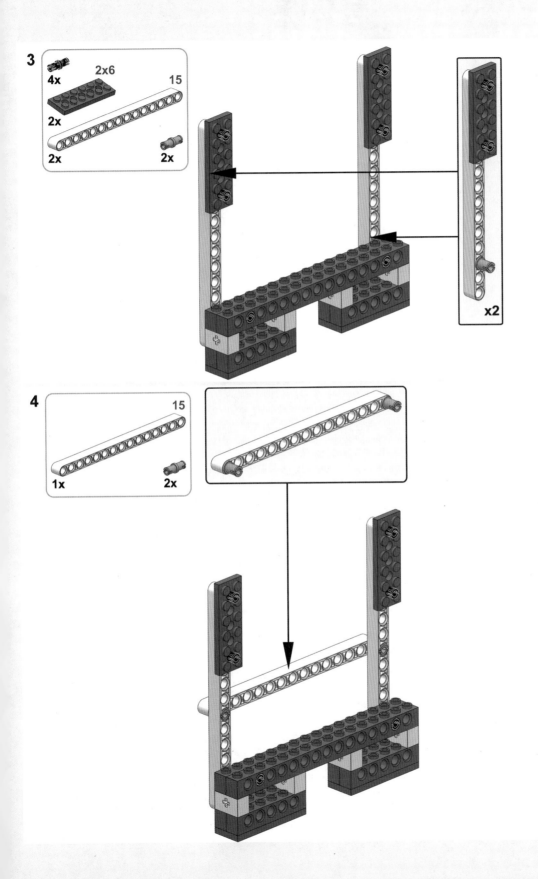

第2课
杠　　杆

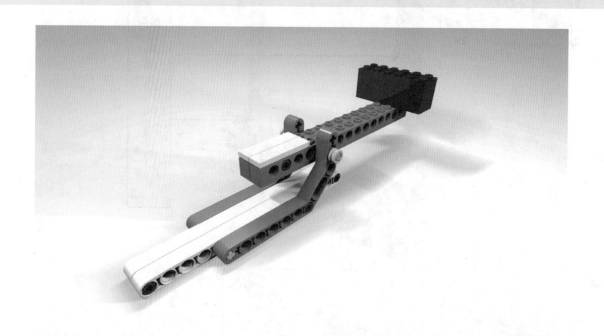

（1）杠杆搭建步骤。

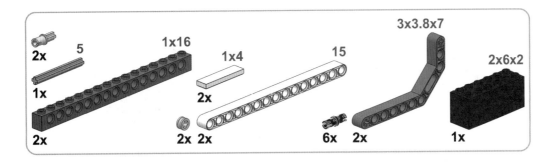

1

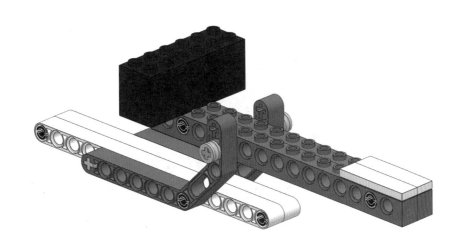

2

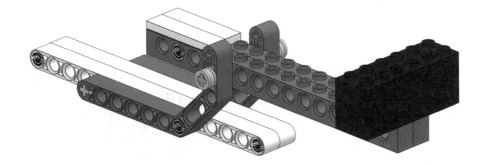

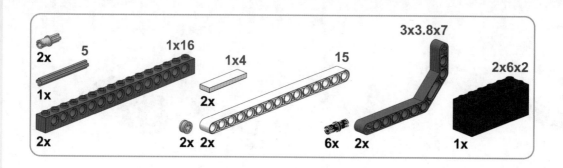

3

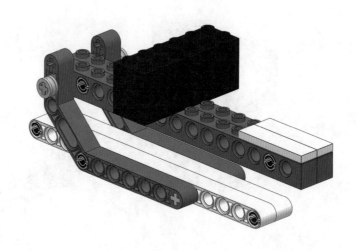

4

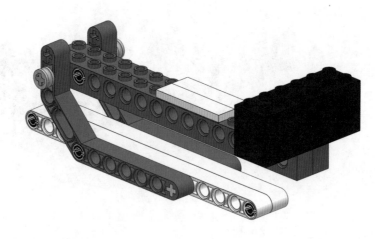

（2）创意作品——敲击乐器搭建步骤。

1

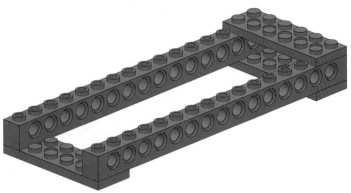

2

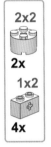

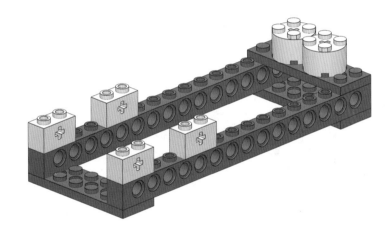

3

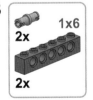

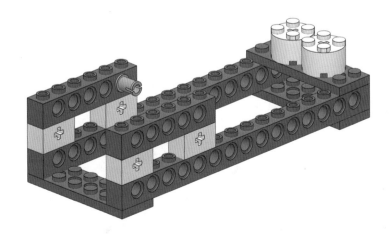

4

15

2x

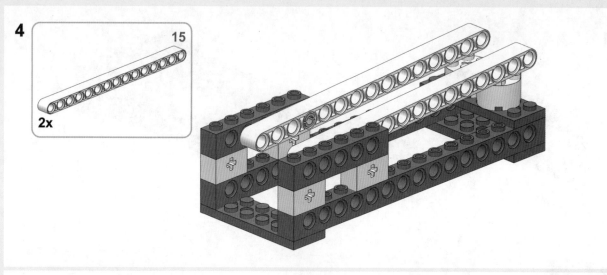

5

40

1x

8

1x   4x

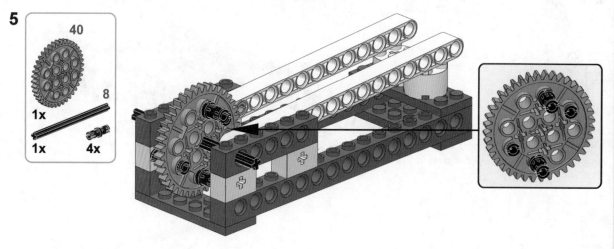

6

1x

1x

1x

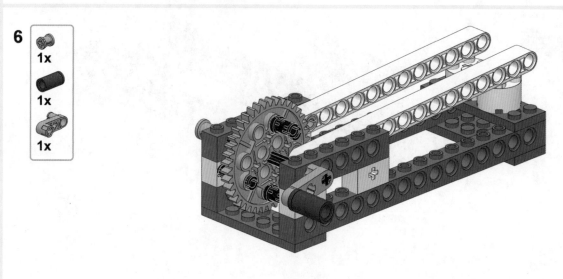

第3课
工 具 夹 子

（1）工具夹子（A1）搭建步骤。

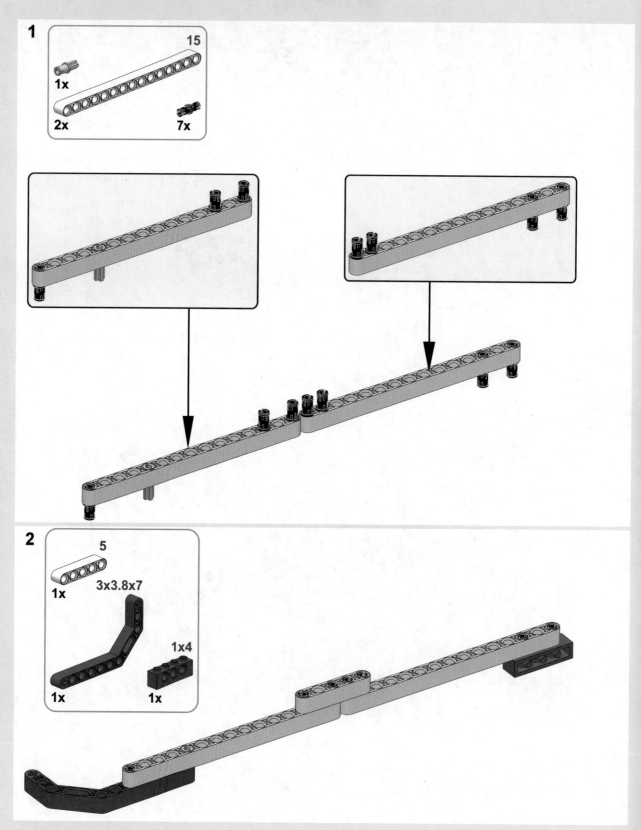

3

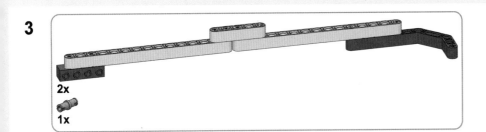

2x

1x

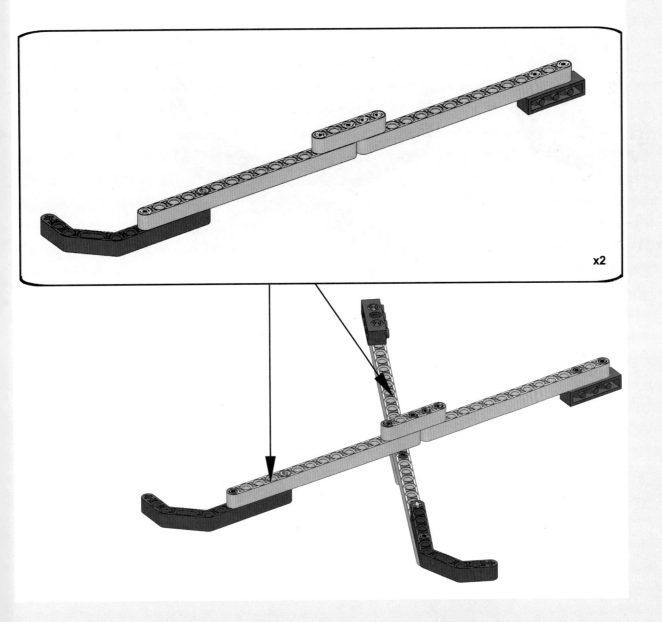

x2

（2）工具夹子（A2）搭建步骤。

1

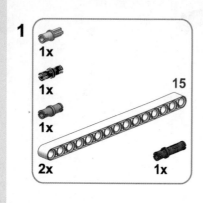

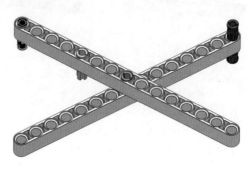

2

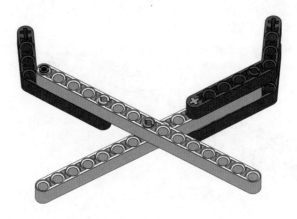

3

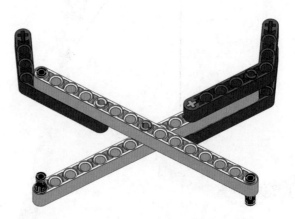

4

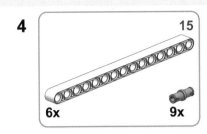

15

6x   9x

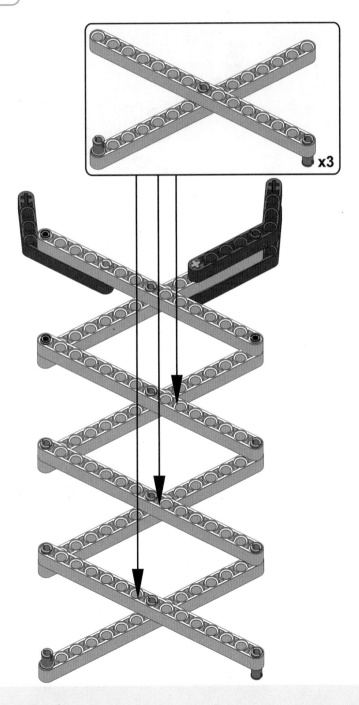

x3

5

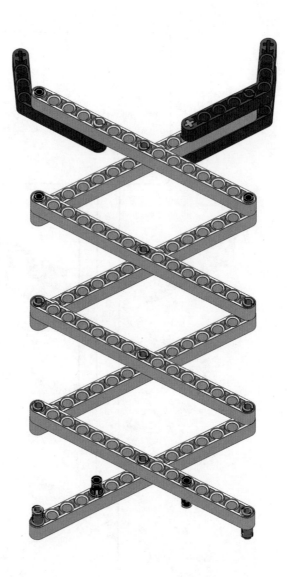

6　3x3.8x7

2x

第4课
投 石 车

投石车车身搭建步骤。

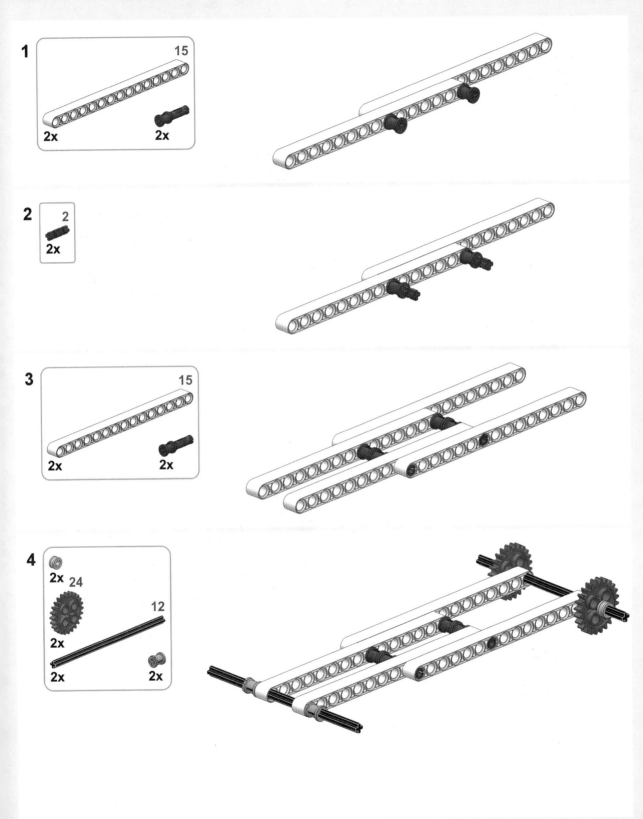

5

22/30x30

20x30

4x   4x

6

4x

7

4x

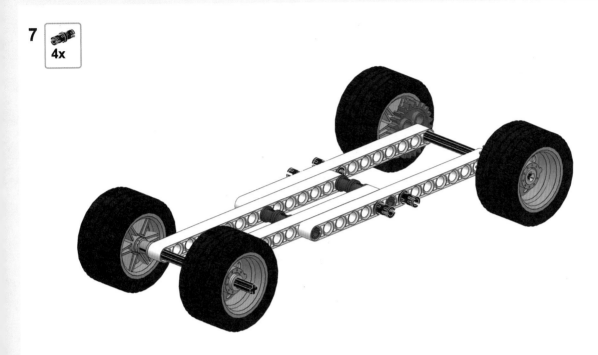

8

4x

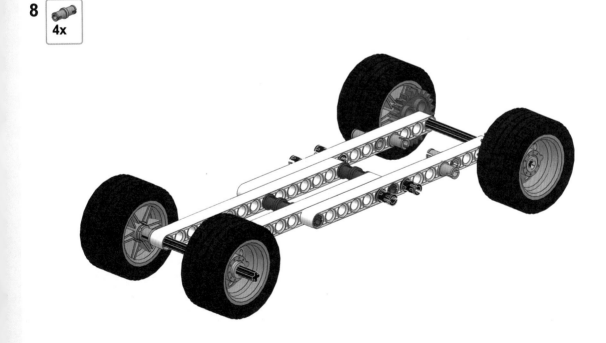

第5课
挤　压　机

挤压机搭建步骤。

1

1x12
2x

2x8
2x

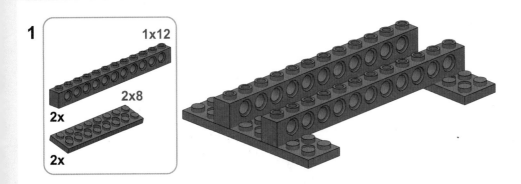

2

1x2
2x

2x6
1x

8
1x

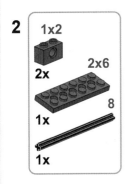
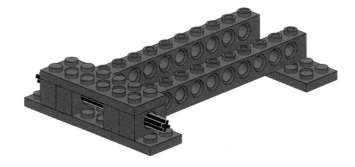

3

1x
3
2x

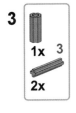
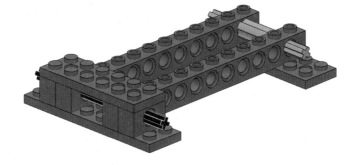

4

2x4
1x

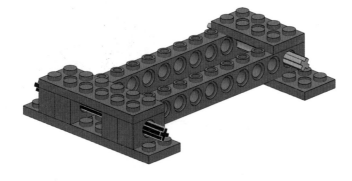

5

3x3.8x7

2x

6

14x18

2x

14/50x17

2x

10

1x

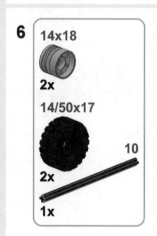

7

14x18

2x

14/50x17

2x

8

1x

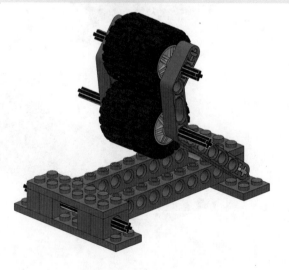

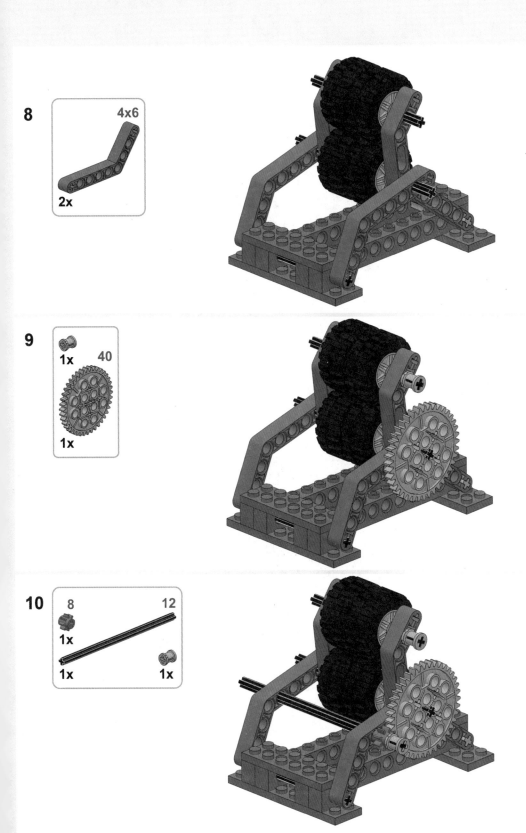

8 4x6
2x

9 1x 40
1x

10 8 12
1x
1x 1x

11
3x

12
1x

1x

传 送 机

（1）传送机（A1）搭建步骤。

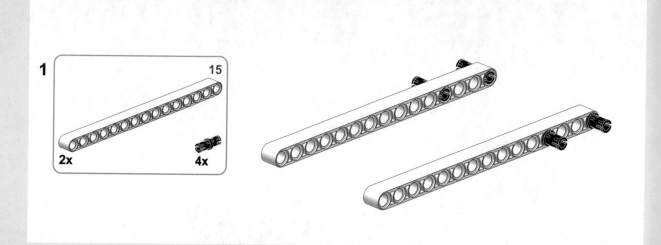

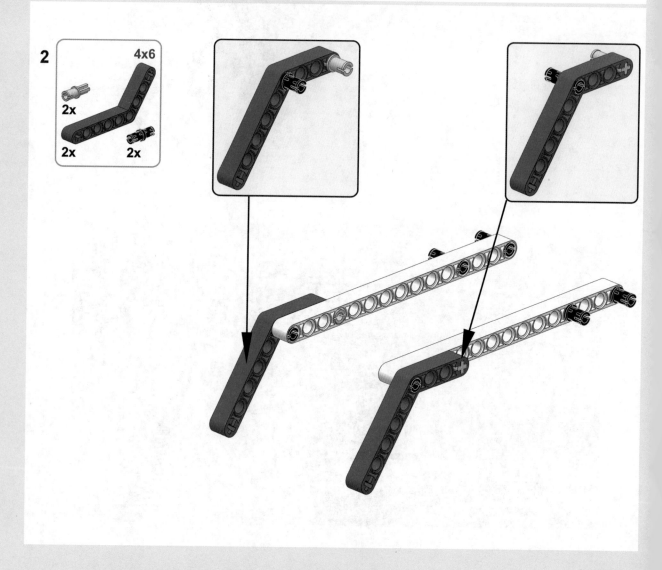

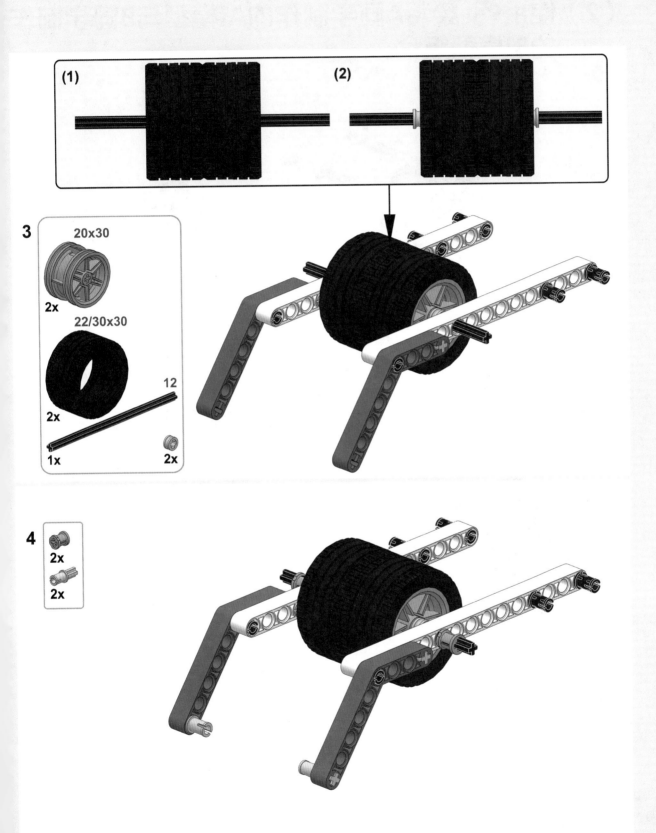

(1)

(2)

3

20x30

2x

22/30x30

2x

12

1x

2x

4

2x

2x

（2）使用9孔梁将A同学制作的A1模型与B同学制作的B1模型组合。

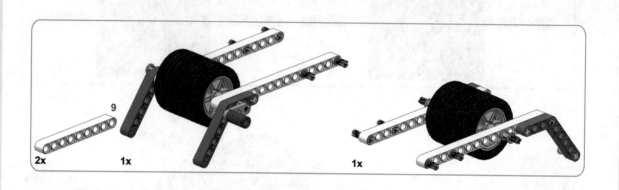

（3）传送机（A2）搭建步骤。

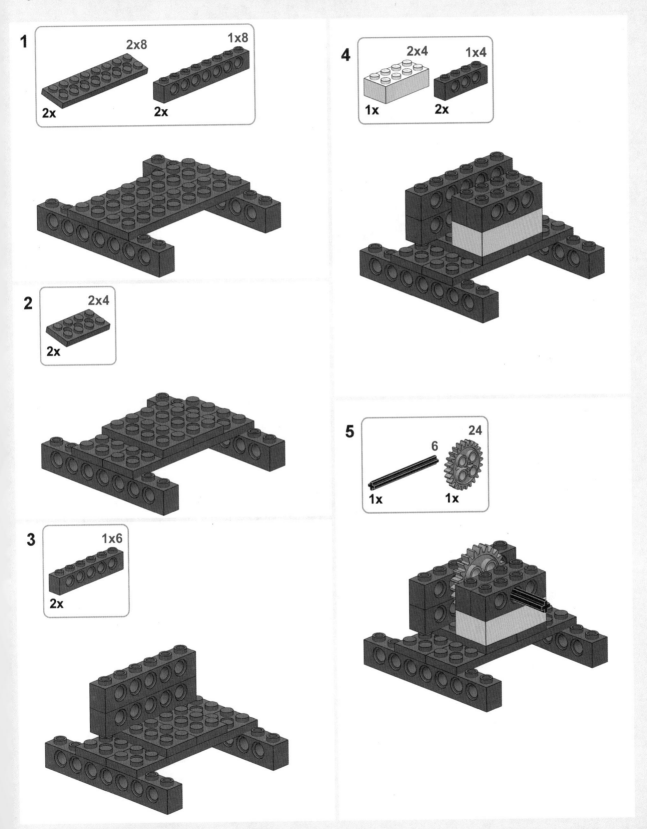

6

1x4 1x
1x6 2x

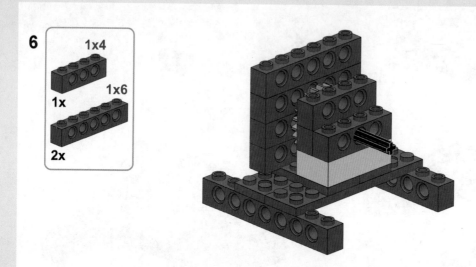

7

2x2 1x
1x2 2x
5 1x
2x4 1x
1x12 1x
1x

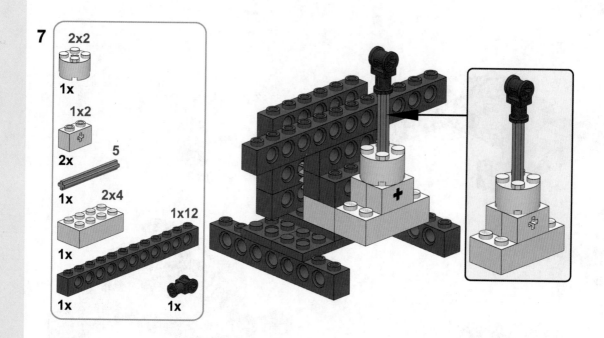

第7课
电 风 扇

电风扇底座搭建步骤。

1 9
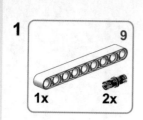
1x 2x

2 9
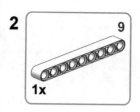
1x

3

8x

4 15
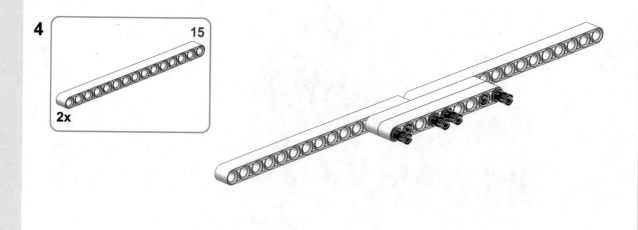
2x

5

2
2x
4x

(1)
(2)
x2

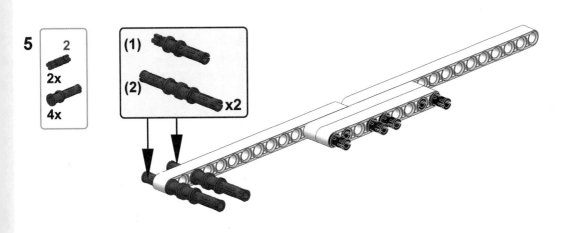

6

1x
8
1x
6
1x   1x

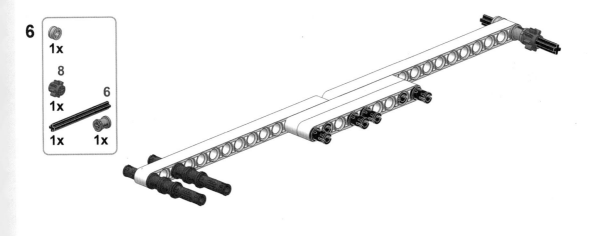

7

1x
5
1x   40
1x

8 15

2x

9

1x   1x   1x

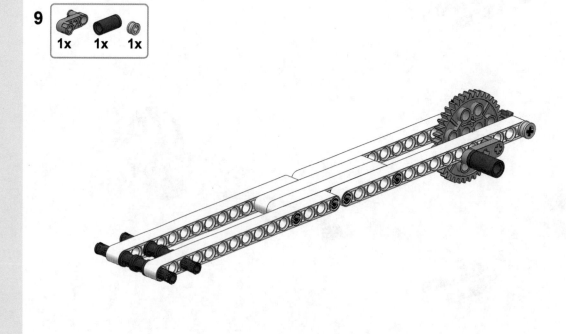

10

2x6
1x16
4x
2x
1x4
1x4
4x
2x

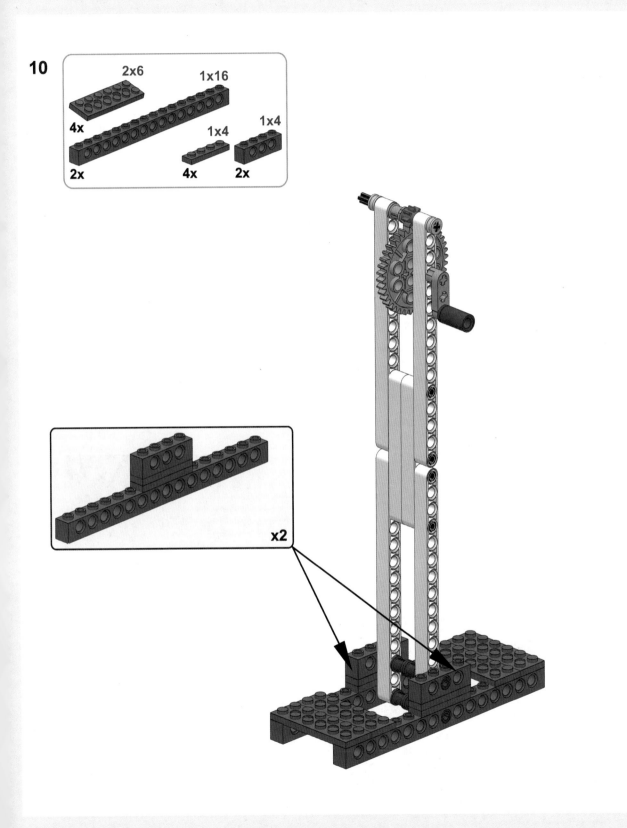

x2

第8课
钓 鱼 竿

钓鱼竿搭建步骤。

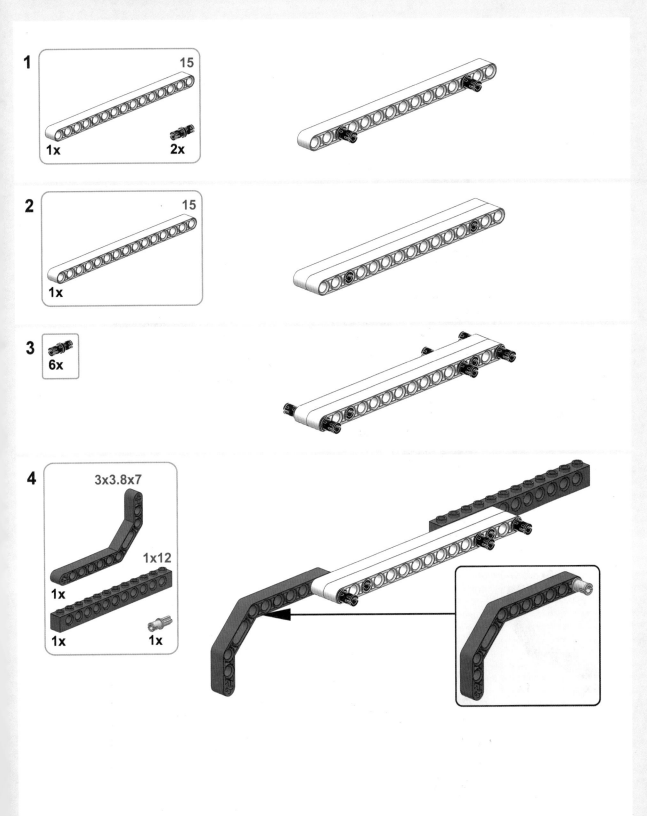

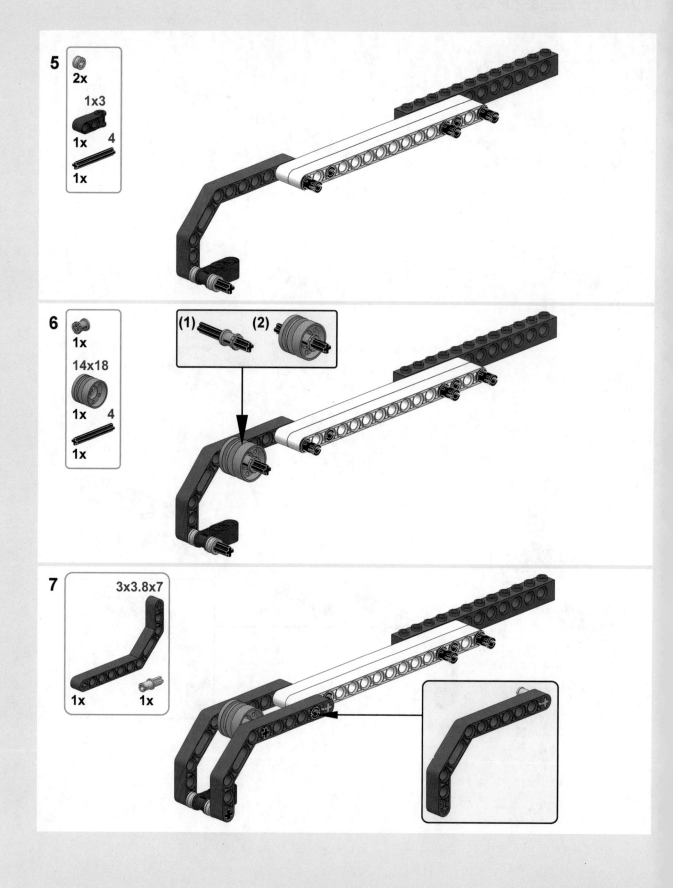

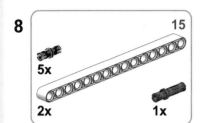

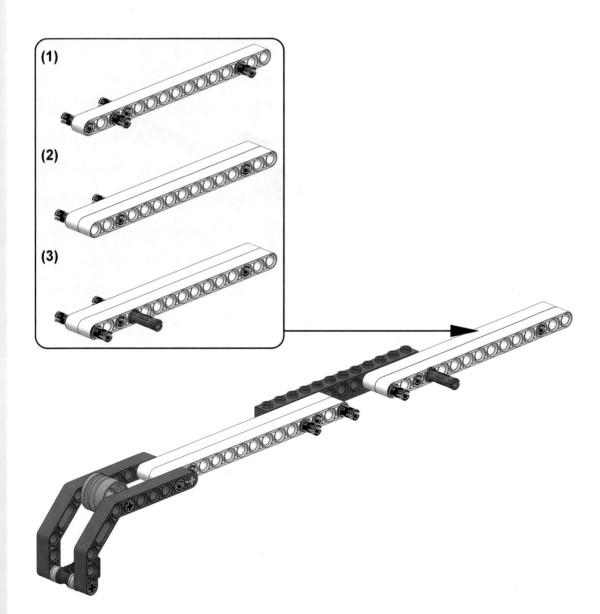

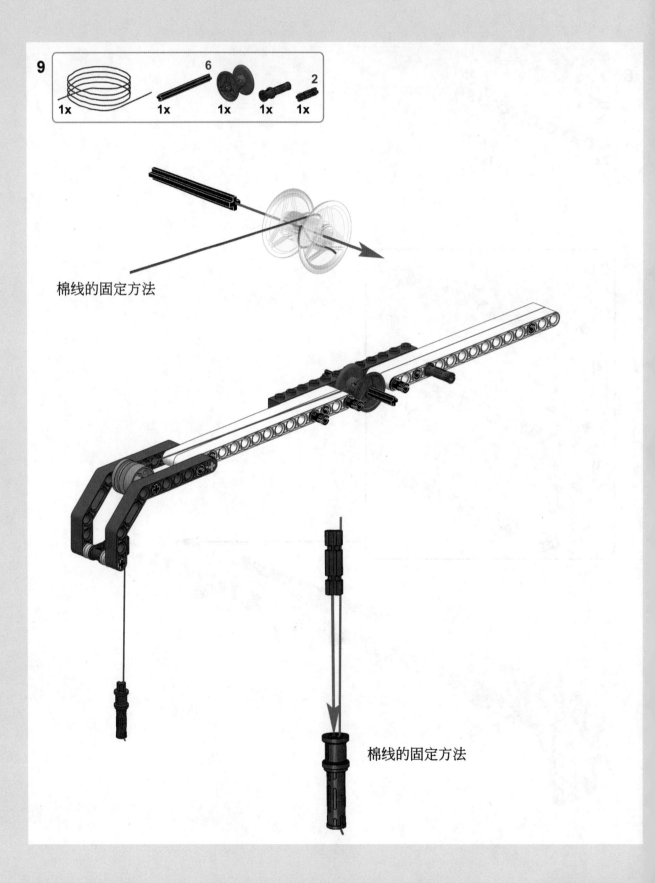

棉线的固定方法

棉线的固定方法

10

1x12

1x

1x

1x

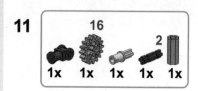

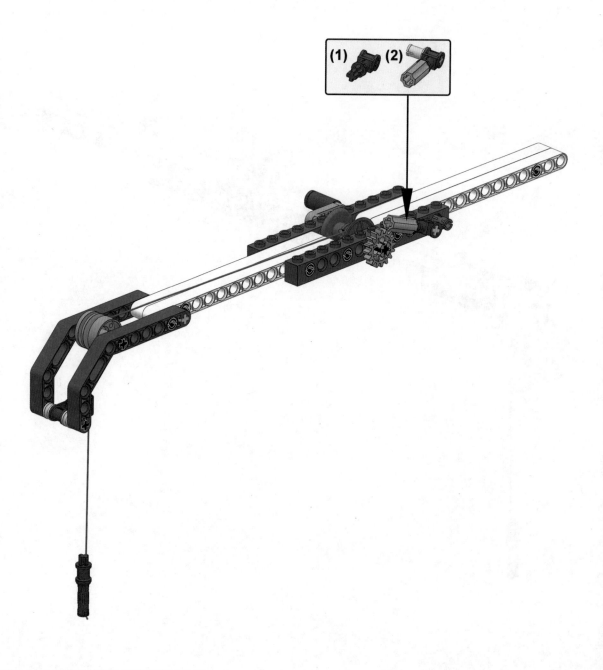

第9课
起 重 机

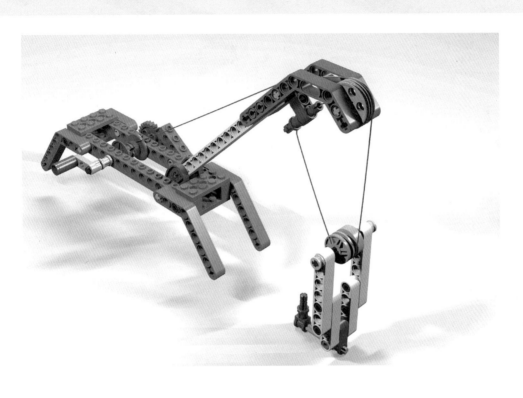

起重机搭建步骤。

1

2x4 2x

1x16 1x

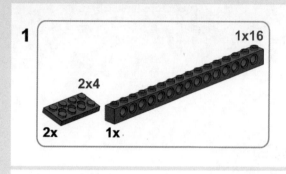
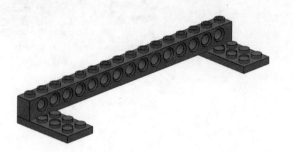

2

2x4 2x

1x16 1x

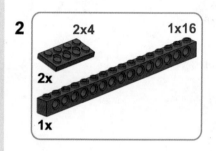
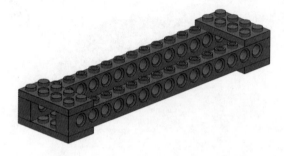

3

4x
4x

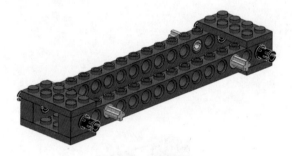

4

4x6 4x

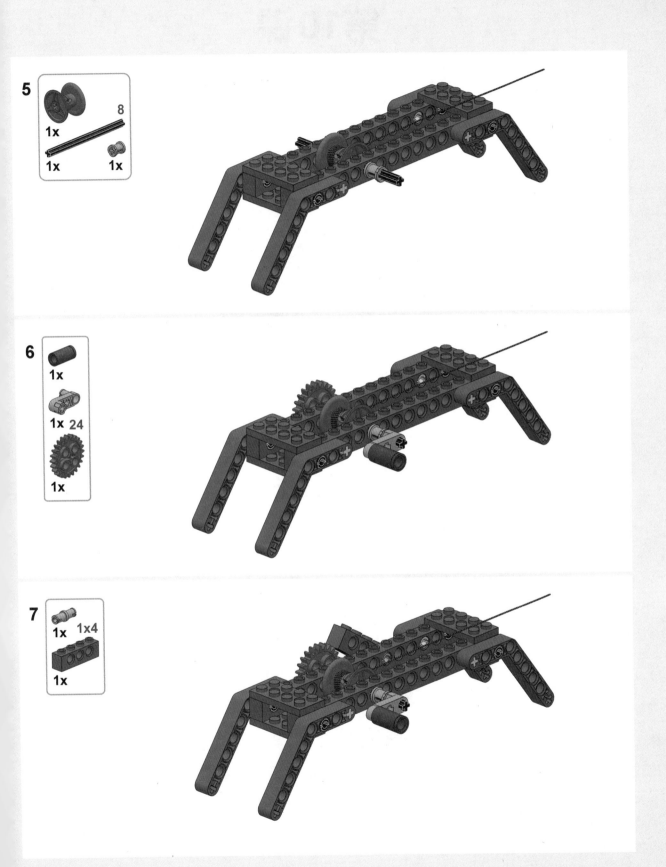

5

8

1x 1x 1x

6

1x

1x 24

1x

7

1x 1x4

1x

第10课
清　扫　车

清扫车搭建步骤。

1

2
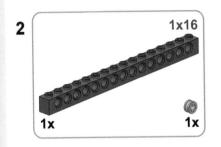

3
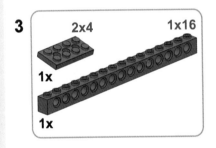

4
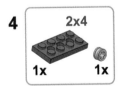

5

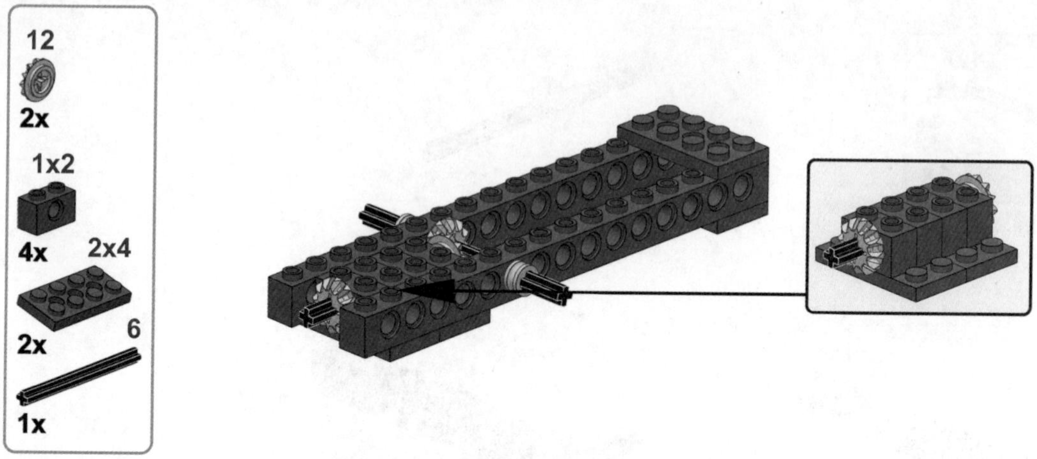

12

2x

1x2

4x   2x4

2x   6

1x

6

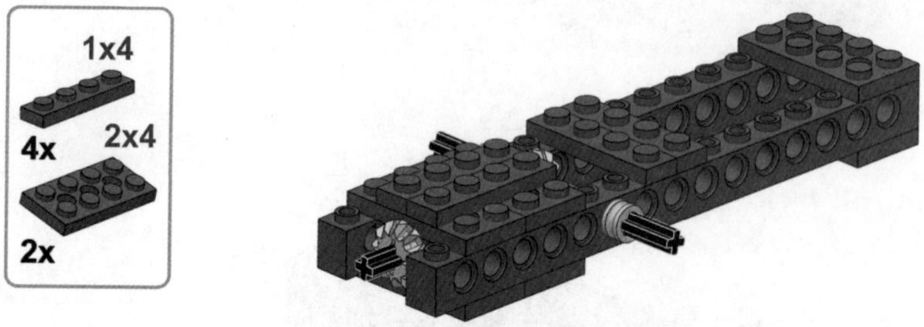

1x4

4x   2x4

2x

7   10

1x   2x

8

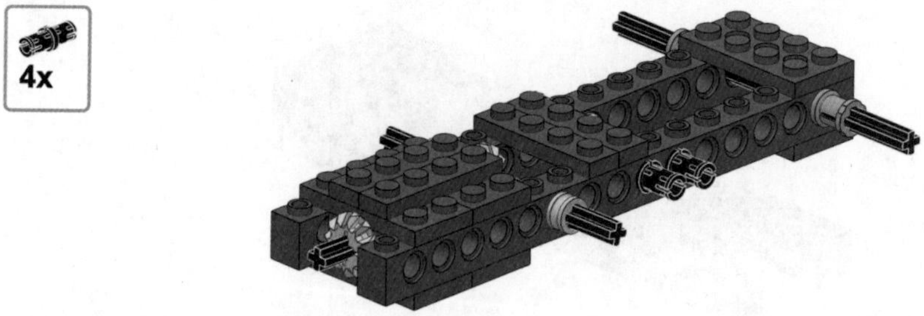

4x

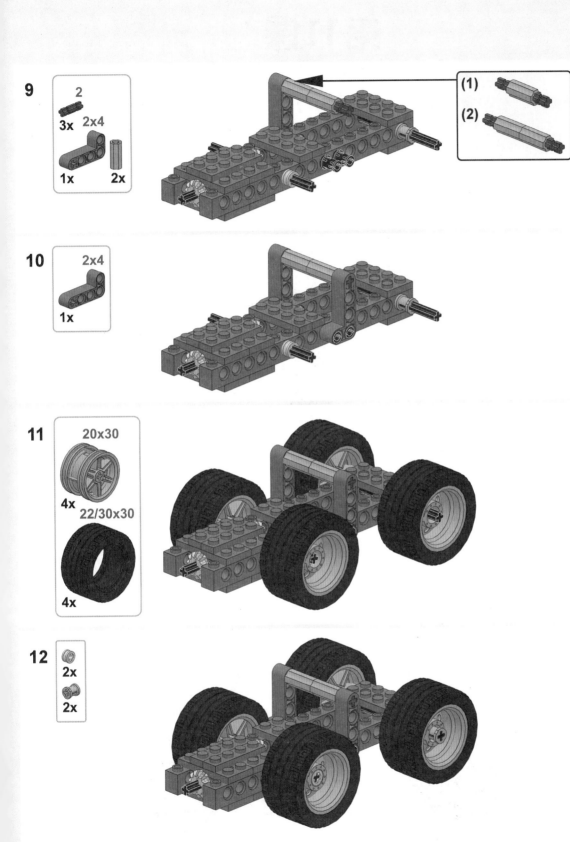

9

2
3x　　2x4
1x　　　2x

(1)
(2)

10

2x4
1x

11

20x30
4x
22/30x30
4x

12

2x
2x

第11课
挖　掘　机

（1）挖掘机搭建步骤。

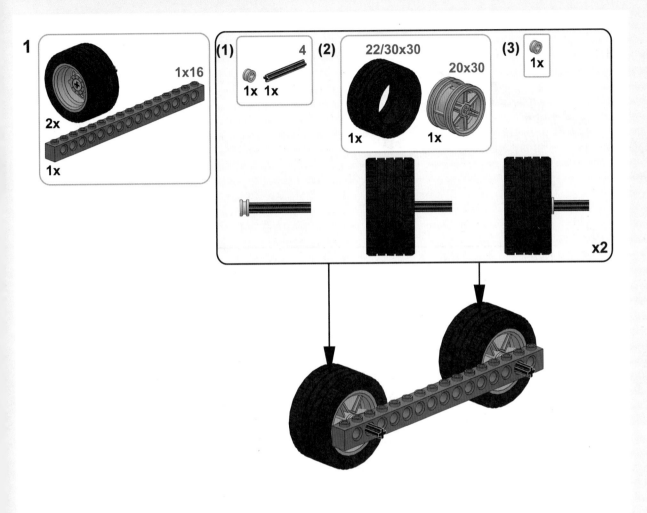

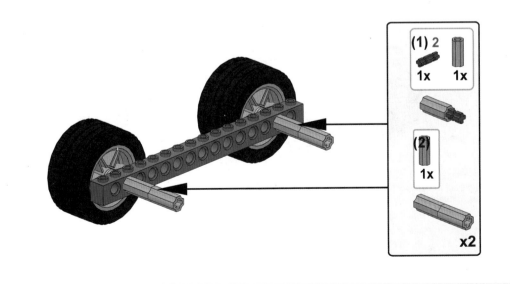

3

1x16

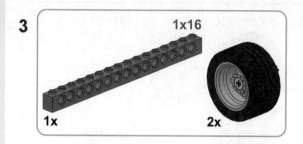

1x   2x

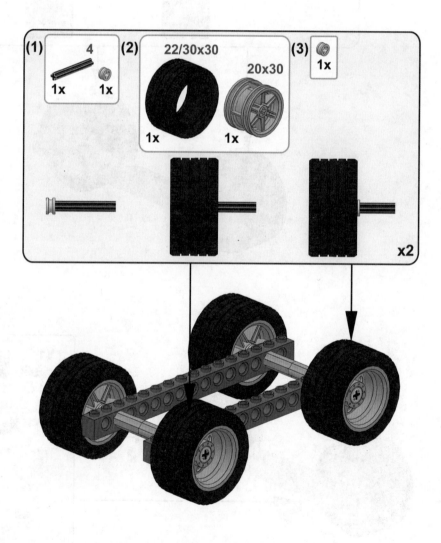

4

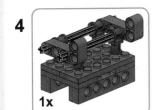

1x

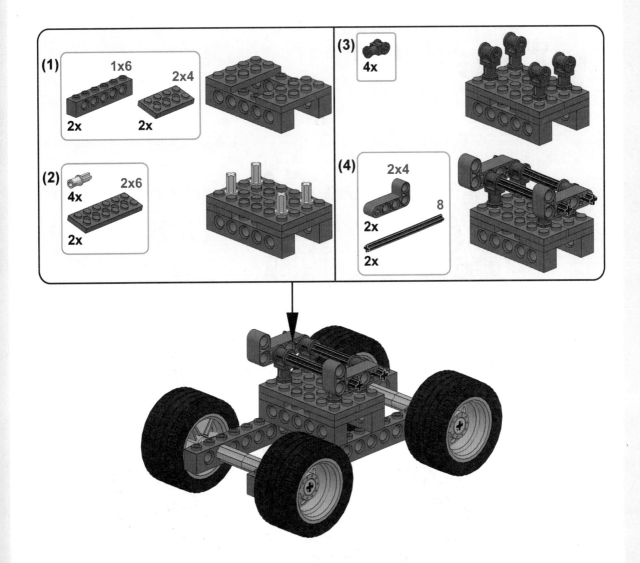

(1) 1x6 2x4

2x 2x

(2) 2x6

4x

2x

(3) 4x

(4) 2x4

2x

8

2x

（2）使用10号轴将A同学的车身与B同学的机械臂组合。

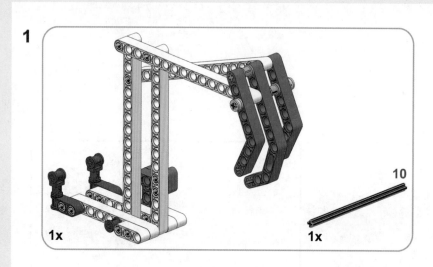

2

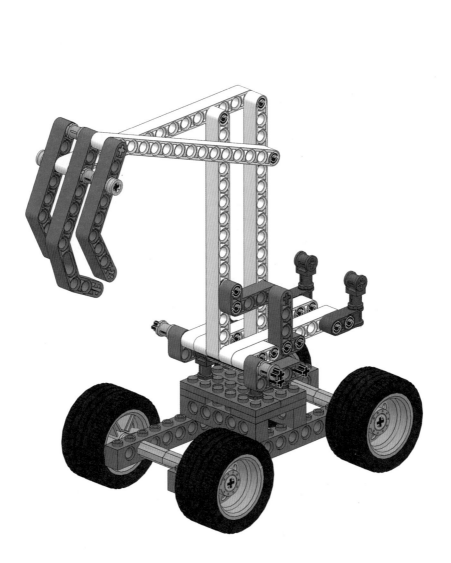

第12课
滑 坡 车

滑坡车搭建步骤。

1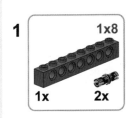
1x8
1x 2x

2
1x8
1x

3
4x

4
15
1x

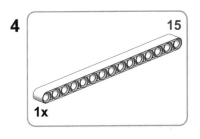

5
12
2x 4x

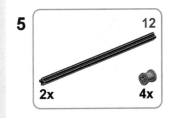

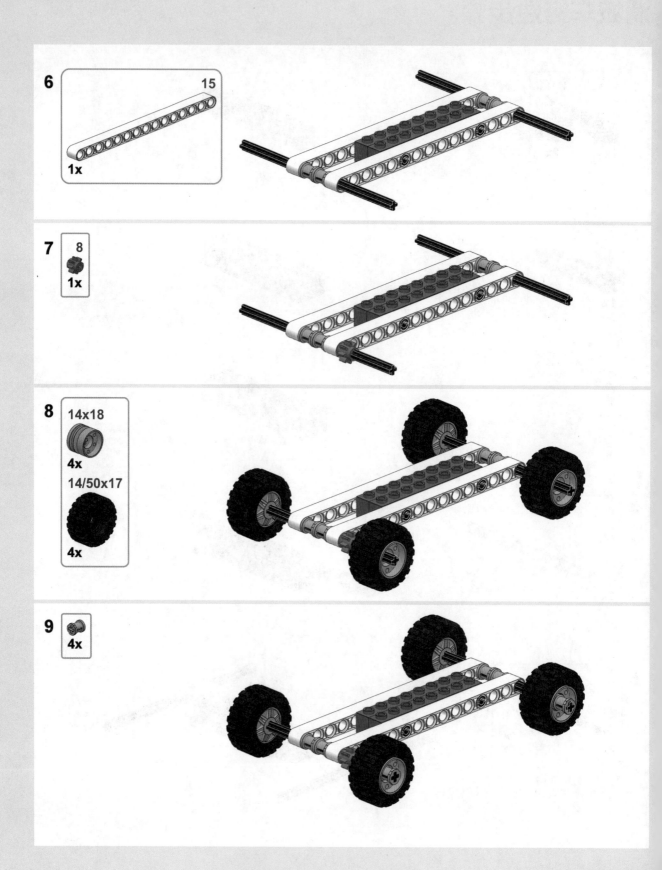

第13课
旋 转 木 马

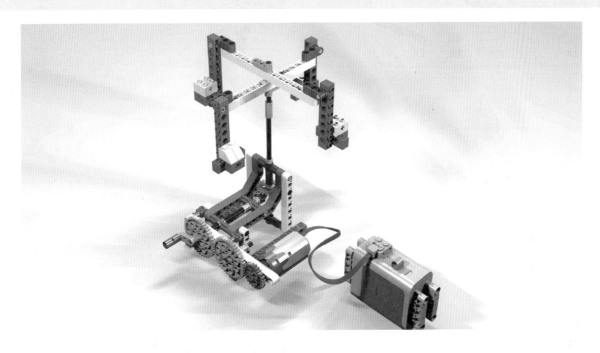

（1）旋转木马搭建步骤。

1

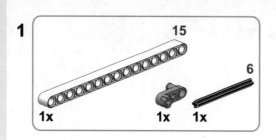

2

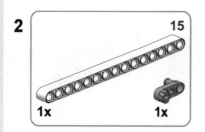

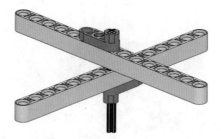

3

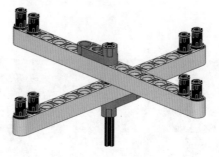

4

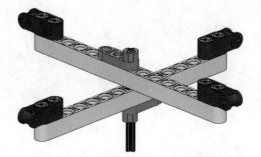

5
4x

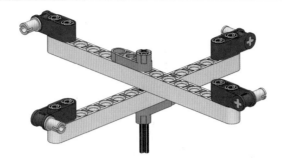

6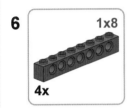
1x8
4x

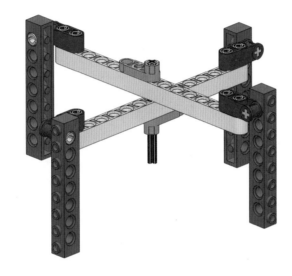

7
4x

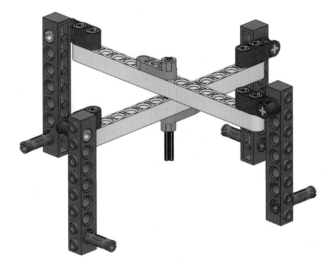

8 1x4 4x

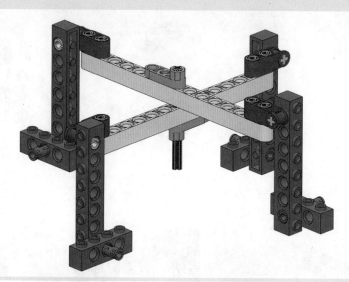

9 1x2 4x

10 452x1 4x

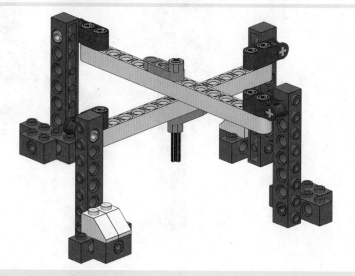

11

1x2

4x

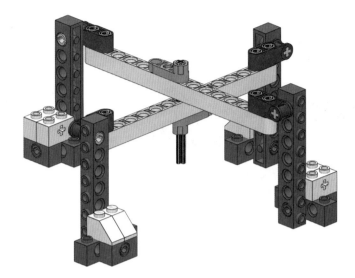

12

12

1x   1x

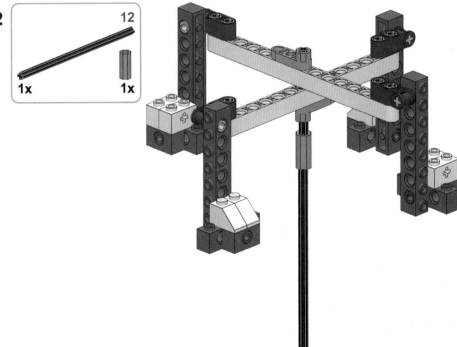

（2）将A同学制作的模型与B同学制作的模型组合。

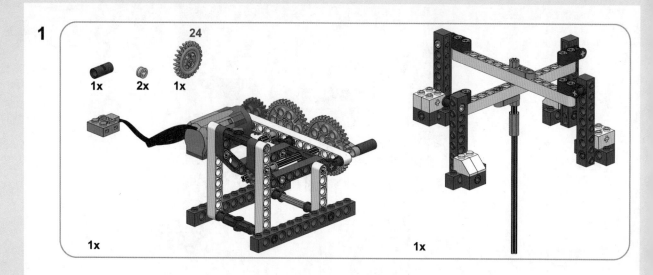

1

24

1x   2x   1x

1x   1x

2

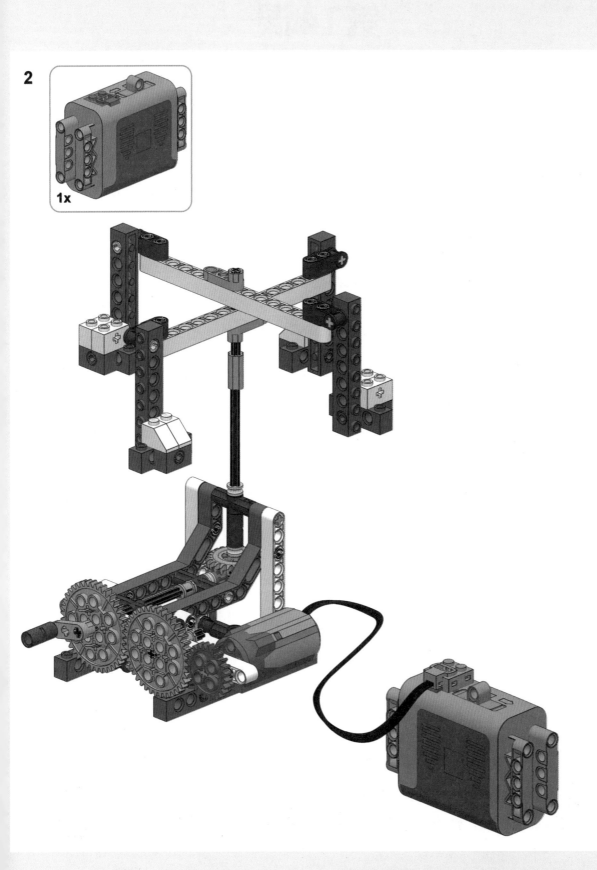

1x

第14课
摩 天 轮

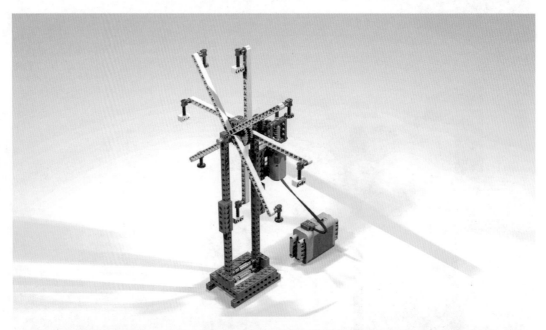

（1）摩天轮搭建步骤。

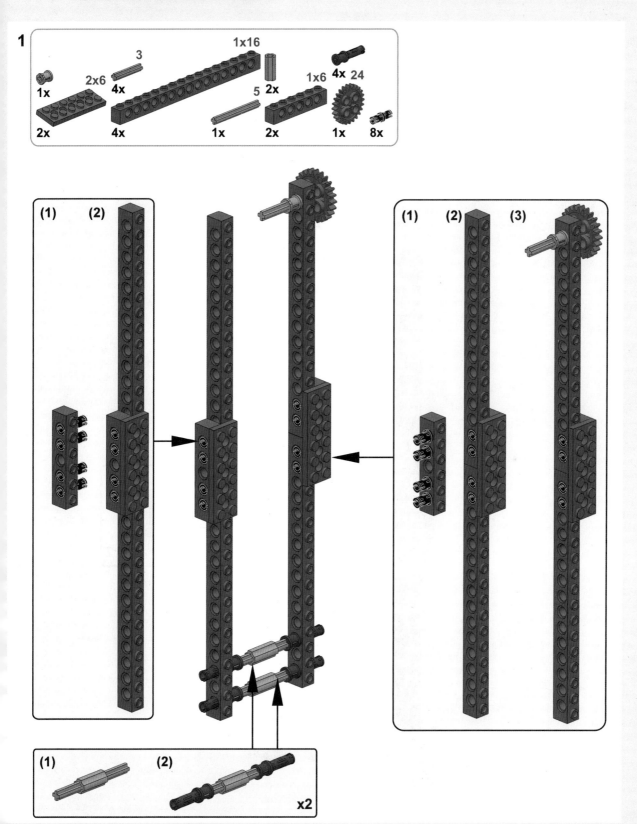

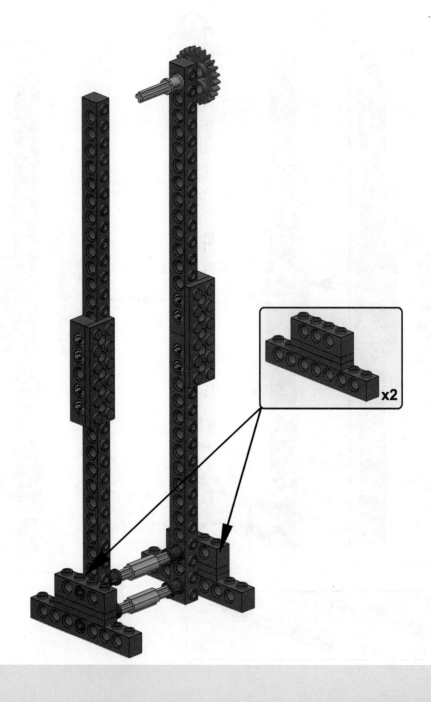

3

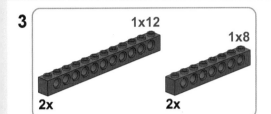

1x12
1x8
2x
2x

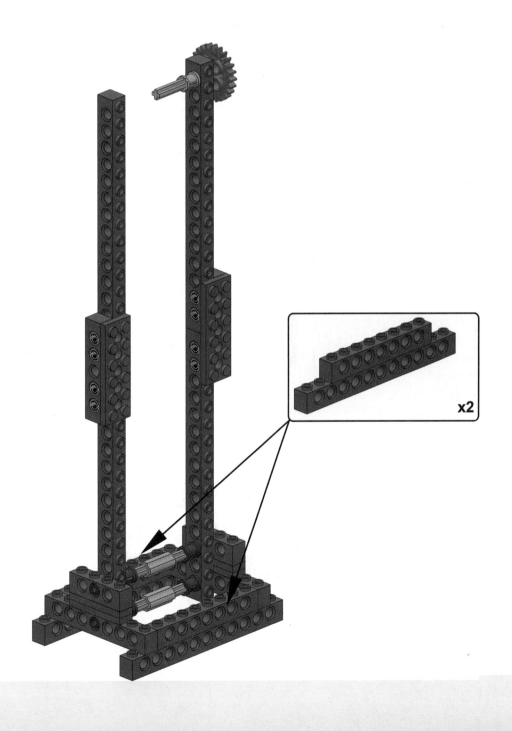

x2

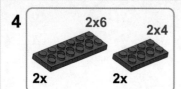

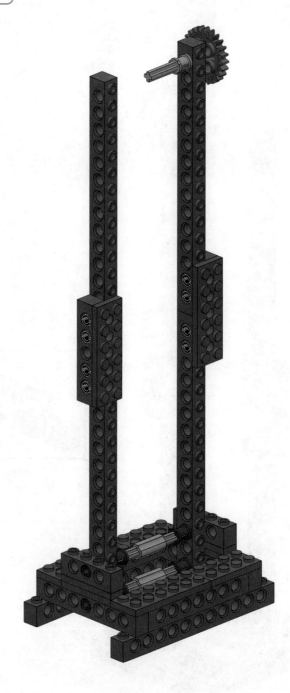

（2）动力组子模型搭建步骤。

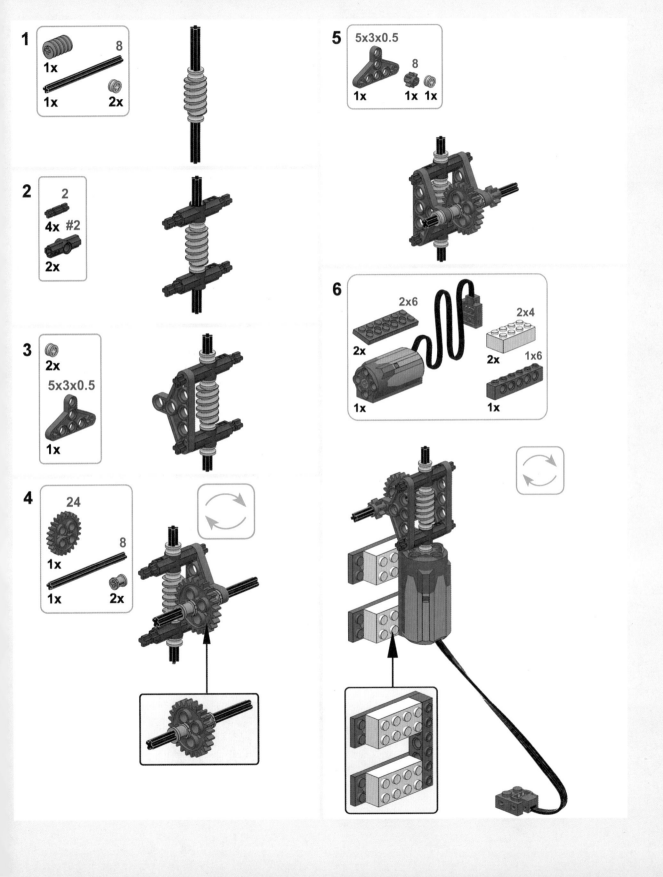

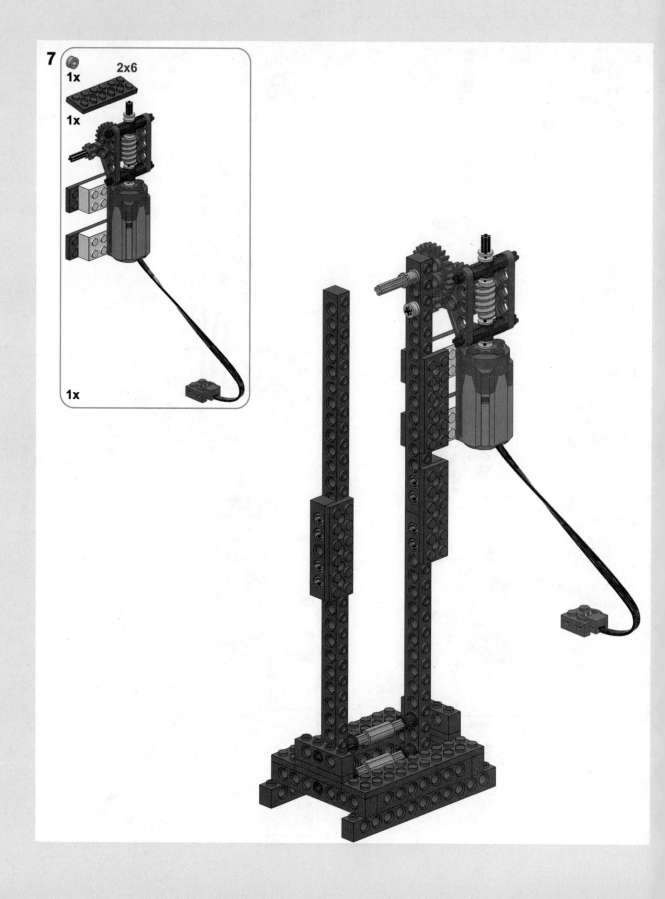

7

1x

2x6

1x

1x

1x

第15课
尺　　蠖

（1）尺蠖（A1）搭建步骤。

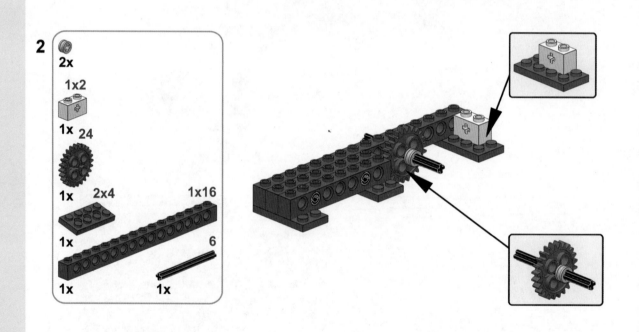

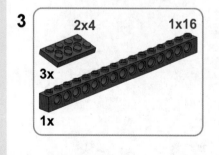
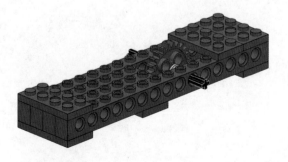

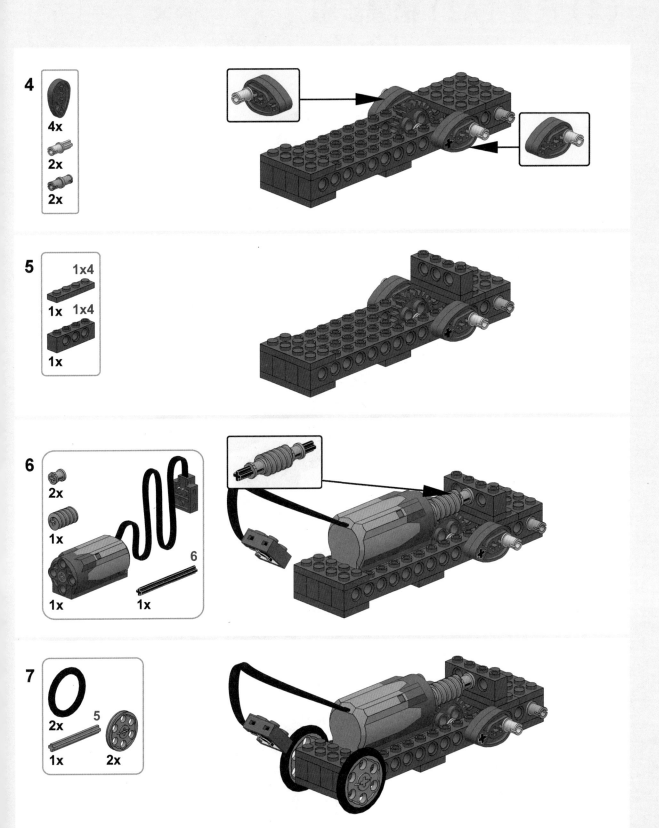

4
4x
2x
2x

5
1x4
1x　1x4
1x

6
2x
1x
1x　6　1x

7
2x　5
1x　2x

（2）尺蠖（A2）搭建步骤。

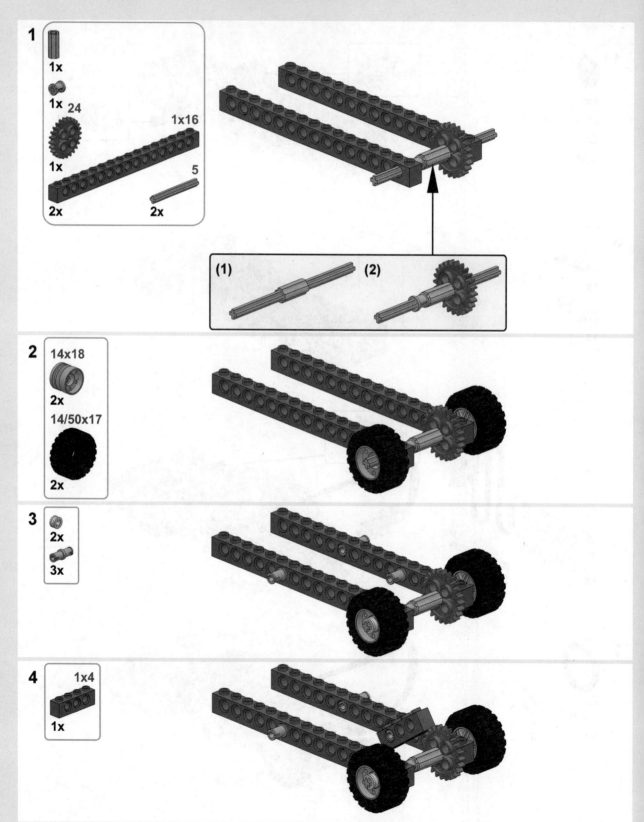

（3）将模型A1与模型A2组合。

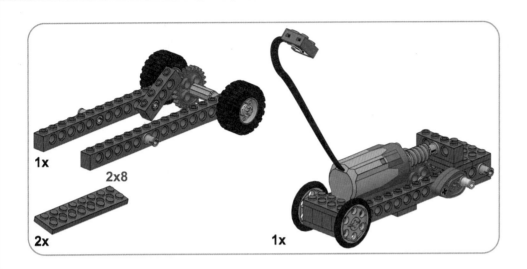

1x

2x8

2x

1x

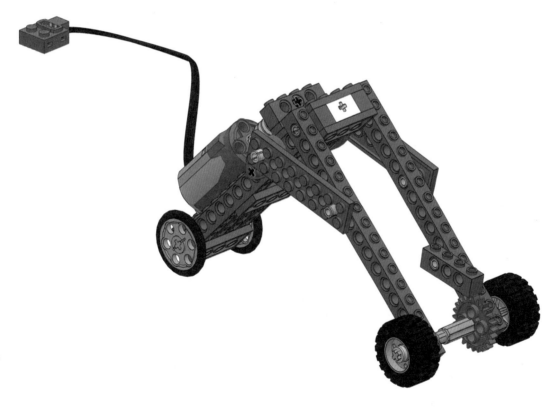